大兴安岭高寒地区常见野生果树

孙亚红　编著

中国农业大学出版社
·北京·

内容简介

本书是作者在20多年对大兴安岭高寒地区野生资源进行实地踏查、拍照并调查研究的基础上写作完成的，书中选用了大量精美图片介绍该地区常见野生果树9科18属35种，每种均按形态特征、识别要点、生境与分布、用途依次叙述，将常见主要25种野生果树物候期进行了总结。

本书旨在为有志于调查研究、科学合理开发利用大兴安岭高寒地区野生果树资源的有识之士提供依据，可作为该地区野生果树识别使用的工具书，可供相关领域的管理工作者、科研人员、教学人员、技术人员、生产经营者参考。

图书在版编目（CIP）数据

大兴安岭高寒地区常见野生果树 / 孙亚红 编著. —北京：中国农业大学出版社，2013 . 3

ISBN 978-7-5655-0672-7

Ⅰ.①大… Ⅱ.①孙… Ⅲ.①大兴安岭地区-寒冷地区-野生果树-植物资源-介绍 Ⅳ.①S660.192.352

中国版本图书馆CIP数据核字（2013）第016642号

书　　名　大兴安岭高寒地区常见野生果树

作　　者　孙亚红 编著

策划编辑	田树君　宋俊果	责任编辑	田树君
封面设计	郑　川	责任校对	陈　莹　王晓凤
出版发行	中国农业大学出版社		
社　　址	北京市海淀区圆明园西路2号	邮政编码	100193
电　　话	发行部 010-62818525,8625	读者服务部	010-62732336
	编辑部 010-62732617,2618	出　版　部	010-62733440
网　　址	http://www.cau.edu.cn/caup	E-mail	cbsszs@cau.edu.cn
经　　销	新华书店		
印　　刷	北京鑫丰华彩印有限公司		
版　　次	2013年3月第1版　　2013年3月第1次印刷		
规　　格	880×1 230　32开本　4.25印张　120千字		
定　　价	50.00元		

前　言

大兴安岭位于祖国北部，地理坐标为北纬42°30′~53°33′，东经117°42′~127°00′，森林覆盖率达60%以上，总面积达28万km^2，占全国森林面积的九分之一，是我国最大的天然林区之一。

大兴安岭地区自然资源丰富，有野生植物上千种，素有“绿色宝库”之称。作为国家重要的林业生产基地，该地区主要以生产木材为主，实践中大兴安岭野生植物资源被人们认知的很少，被开发利用的更是微乎其微。天保工程实施后，林区经济社会开始转型，开发利用野生植物得到重视并逐渐兴起。为了使漫步林海中的人们能够进一步了解认识大兴安岭的植物，为了给有意开发投资的商人、育种专家及相关科研工作者提供方便随身携带、通俗易懂且具备一定专业参考价值的工具书，作者20多年的调查结果及亲自拍摄的图片编写成册，对生长在大兴安岭高寒地区的野生植物资源：果树、花卉、牧草、山野菜等进行分别介绍。

本书所介绍的野生果树资源主要分布在大兴安岭北部高寒地区，地理位置是北纬49°20′~52°30′，东经119°40′~122°55′。该地区海拔700~1 530 m，最高峰为奥科里堆山，地下普遍分布永冻层，地理环境独特，植物资源丰富，特有种类多。本书以实物图片为主，附以文字叙述，重点是帮助人们熟悉、了解和认识当地的野生果树资源，以便科学开发和利用。

本书植物分类主要以《中国高等植物图鉴》、《内蒙古植物志》和《内蒙古植物检索表》为依据。

在本书的编写过程中，刘承辉同志对本书的编审、校对和组织联系做了大量工作，韩宝堂同志进行了图片编辑，付出了辛勤劳动，特此感谢！

由于作者业务水平有限，本书难免有不足之处，望请读者给予指正。

孙亚红

2012年12月

目　　录

偃 松

拉丁学名：*Pinus pumila* (Pall.) Regel

俗名：马尾松。

形态特征：

松科松属常绿灌木，高3~6 m。树干在海拔800 ~1 200 m通常直立生长，在海拔1 200 m以上通常伏卧地面匍匐生长，蜿蜒长达10 m或更长，树冠倾斜上升；树皮灰褐色，裂成片状脱落；一年生枝褐色，密布绒毛，老枝暗红褐色；冬芽红褐色，圆锥状卵圆形，先端尖；叶五针一束，叶鞘早落；雄球果椭圆形，黄色，雌球果及小球果单生或2~3个集生，卵圆形，紫色或紫红色，球果直立，卵状圆锥形或卵形，成熟时淡紫褐色或红褐色，成熟时种鳞不张开或微张开，鳞盾宽三角形，种子生于种鳞腹面下部，不脱落，暗褐色，三角状倒卵圆形，微扁。

识别要点：

球果卵状圆锥形，先端尖。

树皮灰褐色，裂成片状脱落。

叶五针一束。

生境与分布：

在大兴安岭的高寒地区，偃松多在高海拔、气候严寒、风力较大、土壤干旱瘠薄、岩石裸露、其他森林植被不适宜生长的山峰上生长，形成了两个分布带：海拔800 ~ 1 200 m，落叶松林冠下，偃松呈灌木状；海拔1 200 ~ 1 600 m，偃松沿山脊漫岗构成偃松矮曲林型，且呈岛状分布。

生境1：海拔800 ~1 000 m，生于兴安落叶松白桦混交林内。

生境2：海拔1 200 m，生于裸露岩石山坡。

生境与分布：

生境3-1：海拔1 530 m，匍匐生于裸露岩石山峰上，形成偃松矮曲林。

生境3-2：海拔1 530 m匍匐生于裸露岩石山峰上的树干。

生境与分布：

海拔1 000 m与偃松一起生长的植物：细叶杜香、白桦、兴安落叶松。

海拔1 400 m与偃松一起生长的植物：东北岩高兰、白山蒿。

果实：

成熟的偃松果实俗称松塔，种子俗称松子。

据调查：偃松在20年左右开始结果，60年左右达到结果高峰，树龄在200年以上仍然可以结果。种子千粒重113 g；种仁千粒重70 g。

据检测：100 g松仁中含脂肪65.20 g，蛋白质17.25 g，碳水化合物8.1 g，灰分1.9 g，维生素A 1 202.76 IU，维生素E 170.42 IU，维生素B 0.076 2 mg，维生素C 0.420 mg，锌6.14 mg，钙1.48 mg，磷550 mg，铜0.946 mg，锰31.3 mg等。

用途：

1. 偃松种仁可以直接食用、榨油，经深加工又可制成饮料、果粉等保健食品。

2. 种仁具有养阴、息风、润肺、滑肠等药用功效，可治疗风痹、头眩、燥咳、吐血、便秘等症。

3. 种仁含油率高达59.4%，可榨油，供工业用。

4. 偃松树形优美，可供庭院或盆栽作为观赏树种。

5. 偃松不仅在保持水土、涵养水源方面有着重要作用，而且也是珍贵毛皮动物紫貂、灰鼠等的栖息场所。

6. 偃松的木材是生产活性炭的优质材料。

刺叶小檗

拉丁学名：*Berberis sibirica* Pall.

俗名： 三颗针、沙力马敦、土黄连等。

形态特征：

为小檗科小檗属多年生落叶灌木，株高50~100 cm。老枝暗灰色，幼枝红色或红褐色，被微毛，具条棱；叶刺3~7分叉，叶近革质，先端钝圆，基部渐狭成柄，边缘有针刺，两面均为黄绿色；花单生，淡黄色；浆果长圆形，熟时鲜红色，内含种子2~4粒；根呈类圆柱形，稍弯曲，有少数分枝，长短粗细不一，表面灰棕色，有细皱纹，栓皮易脱落，质坚硬，不易折断，折断面纤维性，鲜黄色，切断面近圆形或长圆形，有略呈放射状的纹理，有髓，黄白色。

识别要点：

小枝上的刺3~7分叉。

叶先端钝圆，边缘有针刺。

成熟果实鲜红色，长圆形。

生境与分布:

耐干旱、瘠薄,生于碎石山坡阳坡,成丛生长。

生于碎石山坡阳坡的根。

生于碎石山坡阳坡的植株。

用途：

刺叶小檗又称西伯利亚小檗,鄂温克人称为霞日毛都。居住在内蒙古自治区根河市的敖鲁古雅鄂温克人，常年游猎于高山密林中，在与疾病作斗争的过程中，逐渐尝试并使用了一些动、植物药治病，确有一定的疗效，霞日毛都就是其中之一。一般在夏、秋季挖取其根，泡酒服用，有增加食欲的作用，对治疗口疮也有一定的疗效，在额尔古纳河流域一带使用比较普遍。

为蒙药材黄柏的原植物之一，蒙古名为协日毛都，为蒙医常用药材，有敛毒、止泻、祛热、止血、明目等功效。

刺叶小檗的根、根皮中含有小檗碱，小檗碱又称黄连素，在传统中医中被长期用于治疗由细菌感染引起的胃肠道疾病。近年来，大量研究表明，小檗碱还有抗心律失常、抗传染性原虫、抗氧化、降糖、调脂、降压和强心等作用。

刺叶小檗为小灌木，花色鲜艳、果实鲜红，因此具有很高的观赏价值，适宜作绿篱、庭院美化。

楔叶茶藨

拉丁学名：*Ribes diacanthum* Pall.

俗名：灯笼果树。

形态特征：

虎耳草科茶藨属多年生落叶小灌木，高 1~1.5 m。枝密集，节上有一对刺，老枝皮灰色，纵向剥裂；叶质厚，叶下面无腺点，倒卵状楔形，有光泽；花绿黄色，总状花序；浆果红色，球形，无刺。

识别要点：

枝上有小刺，老枝皮纵向剥裂。

浆果红色，球形，无刺。

生境与分布：

较耐旱，生于林缘、山坡草地。

生境1：生于混交林林缘灌丛。

生境2：生于林缘草地。

用途：

茶藨子茶是哈萨克族用茶藨属植物的嫩叶采用哈萨克民间传统手工技术和独特的制作工艺加工而成的茶，茶藨子茶的药理作用大致可分为以下六个方面。

1. 影响机体的代谢水平：茶藨子茶具有降血脂、降血压、降血糖、提高蛋白质的合成速率、减少脂肪的吸收积累、促进肝脏细胞的再生等作用。

2. 具有抗癌的作用：表现在能防止正常细胞癌化，引导癌细胞恢复正常，对癌细胞的增殖有明显的抑制作用。

3. 调节机体的免疫机能及抗衰老、抗疲劳的作用：茶藨子的叶对口干、口苦、烦躁不安、大便干结等以及因内脏功能失调而产生口腔异味也有很好的疗效。

4. 具有调整内分泌、改善睡眠状态、缓解紧张等作用。

5. 抗心肌缺血、改善心脏血流，增强体质，可预防感冒。

6. 改善胃肠功能失调所引起的肥胖、便秘，有助消化调整内分泌及美容的效果。

兴安茶藨

拉丁学名：*Ribes pauciflorum* Turcz. ex Pojark.

俗名： 旱葡萄、紫不老儿。

形态特征：

虎耳草科茶藨属多年生落叶小灌木，高30~80 cm。茎直立，枝无刺，枝、叶、叶柄、果均有亮黄色腺点；叶革质，掌状肾形，3~4浅裂，边缘具稍圆的或尖的齿牙；总状花序，两性花，花黄绿色至淡红色；浆果黄绿色，成熟后黑紫褐色。

用途：

1. 果实：民间称旱葡萄，有特殊香味，是民间喜欢食用的一种浆果。也可做果酱、饮料。

2. 叶：可制茶，同楔叶茶藨。

识别要点：

总状花序。

花蕾暗红色，上密生有茸毛。

叶、叶柄上有亮黄色腺点。

识别要点：

未成熟果上有亮黄色腺点。

成熟果黑紫褐色，上有亮黄色腺点。

霜后叶片变红。

生境与分布：

适应性强，耐干旱，生于林下、林缘。

生境1：生于林缘草地。

生境2：生于林缘灌丛。

英吉利茶藨

拉丁学名：*Ribes palczewskii* Pojark.

俗名：灯笼果树。

形态特征：

虎耳草科茶藨属多年生落叶小灌木，高0.5~1 m。老枝暗灰紫色，皮剥落，小枝褐色，枝无刺，直立；枝、叶、叶柄、果均无腺点；叶背、叶柄疏生短柔毛，叶圆形，基部楔形或稍呈心脏形，3~5裂，裂片阔卵形；花黄白色，总状花序，短而直立；浆果近球形，成熟后鲜红色。

识别要点:

枝、叶、叶柄、青果均无腺点。

浆果近球形，成熟后鲜红色。

叶片3~5裂，裂片阔卵形。

生境与分布：

耐寒，耐阴湿，常生于河流、小溪边及林缘灌丛。

生境1：生于林缘灌丛。

生境2：生于林内小溪岸边。

用途：

果实可食用，但是较酸。

种子中含有γ-亚麻酸，γ-亚麻酸以微小的剂量便能产生抗血栓、降压、降血脂、抗炎等多种生物活性。

叶可制茶，同楔叶茶藨。

水葡萄茶藨

拉丁学名：*Ribes procumbens* Pall.

俗名： 民间称其浆果为水葡萄。

形态特征：

虎耳草科茶藨属多年生落叶小灌木，高20~45 cm。叶下面、叶柄均有亮黄色腺点，叶革质，通常圆肾形或掌状肾形，3~5浅裂，边缘具稍圆的或尖的齿牙；茎横卧或斜生；两性花，总状花序短，花暗紫红色；浆果黄绿色，成熟后黑紫褐色。

识别要点：

总状花序短，花暗紫红色。

花芽生于叶腋，紫红色。

识别要点：

茎斜生。

一般成片生长。

生境与分布：

喜湿润，生于林下小溪边或林下湿润地。

用途：

1. 种子中含有γ-亚麻酸，γ-亚麻酸能以微小的剂量产生抗血栓、降血压、降血脂、抗炎等多种生物活性。

2. 民间称其浆果为水葡萄，浆果有独特香味，是民间喜欢生食的一种野果，含有17种以上对人体有益的微量元素和氨基酸。特别是含有γ-氨基丁酸，γ-氨基丁酸不是所有植物种子中都存在的，它是一种游离氨基酸，在人脑能量代谢过程中能起到重要作用。

全缘栒子

拉丁学名：*Cotoneaster integerrimus* Medic.

俗名： 栒子木。

形态特征：

蔷薇科栒子属多年生落叶小灌木，株高1~2 m。叶全缘，有托叶，阔卵圆形；枝条无刺；花瓣粉红色；果实红色，无毛，近圆球形，有2~4个小核。

识别要点：

果实红色，近圆球形。

花粉红色。

生境与分布：

生于海拔700~1 000 m岩石山坡或稀疏的山坡杂木林边。

生于裸露岩石山坡阳坡。

用途：

1. 砧木：全缘栒子具有耐寒、耐干旱贫瘠、较喜光、耐庇荫、易繁育的特点，可以用做苹果、梨等果树矮化的砧木。

2. 抗病性研究：用其嫁接优良苹果品种，可以进行抗腐烂病研究。

3. 叶可提取树胶。

4. 种仁含油，可以榨油。

5. 全缘栒子春季花鲜，秋、冬果红，可供园林栽培观赏，可配置于庭院和园林绿地,亦可制作盆景。

6. 全缘栒子根系大，涵养水源能力强，可用作水土保持树种。

7. 果实可食或酿酒。

8. 枝、叶、果可供药用，有治疗咳嗽、痛经、白带过多等功效。

9. 枝条木质坚硬而富有弹性，可供编制筐篮等器具。

黑果栒子

拉丁学名：*Cotoneaster melanocarpus* Lodd.

形态特征：

蔷薇科栒子属落叶灌木。枝暗褐色，幼枝被茸毛，后脱落；叶片下面被灰白色绒毛，叶柄具毛；花瓣粉红色；果实蓝黑色，有蜡粉。

其他同全缘栒子。

山楂

拉丁学名：*Crataegus pinnatifida* Bge

俗名： 面果果、涨肚黄。

形态特征：

蔷薇科山楂属多年生落叶小乔木，高3~6 m。花梗及总花梗无毛或稍被毛，果实无毛；叶片羽状深裂，裂片3~4对，侧脉伸到裂片顶端及裂片分裂处；花白色；梨果圆球形，红色。

生境与分布：

生于河流沿岸林下，林缘及湿度较大的灌木丛中。

用途：

1. 食用。山楂中含有多种有机酸类、黄酮类化合物、维生素类、糖类及矿物质等成分。特别值得提出的是山楂中含有大量的维生素C，对增强老年人的体质和抗氧化大为有益。民间常食用其果实，面甜，有香味。

2. 药用。临床及实验证实,山楂有明显的降低血压的作用，能扩张冠状动脉，增强心肌收缩力，抗心律失常，并对心肌缺血有保护作用。山楂能增加胃中消化酶的分泌，促进消化。

辽宁山楂

拉丁学名：*Crataegus sanguinea* Pall.

俗名： 面果果、涨肚黄、白茬子。

形态特征：

为蔷薇科山楂属多年生落叶小乔木，高3~6 m。当年生枝光亮，紫红色到紫褐色，多年生枝灰褐色，刺短粗，锥形；叶片宽卵形或菱状卵形，先端急尖，基部楔形，边缘常具3~5对浅裂片，有重锯齿，两面散生短茸毛，上面暗绿色，毛较密，下面浅绿色，柔毛多在叶脉上，叶柄粗短；花梗无毛，总状花序，花瓣白色；果实无毛，球形，血红色，萼片宿存反卷。

识别要点：

萼片宿存反卷。

总状花序，花冠白色。

果实无毛，球形，血红色。

生境与分布：

在阴坡半阴坡、湿度较大的山麓沟谷，较瘠薄干旱的山地陡坡，都能正常生长。

生境1：生于湿度较大的山麓沟谷。

生境2：生于河边杂木林内。

用途：

1. 果实可食用，面、甜、有香味，但食用量大时易引起腹胀。
2. 辽宁山楂抗白粉病，抗盐碱，可作为栽培山楂嫁接的砧木。

光叶山楂

拉丁学名：*Crataegus dahurica* Koehne ex Schneid.

俗名： 面果果、涨肚黄。

形态特征：

为蔷薇科山楂属多年生落叶小乔木，株高3~6 m。枝红褐色，光滑，枝上有刺；花梗及总花梗无毛或稍被毛，果实无毛；叶片浅裂，侧脉伸到裂片顶端，上面有光泽；花白色，萼片宿存反卷；梨果圆球形，红色或橘红色。

识别要点：

叶片浅裂，侧脉伸到裂片顶端，上面有光泽。

总状花序，花冠白色。

梨果圆球形，成熟果红色。

生境与分布：

生于河流沿岸林下，林缘及湿度较大的灌木丛中。

生境1：
生于河流
沿岸的林缘。

生境2：
生于灌木
丛中。

用途：

1. 果实药用。据《本草纲目》记载：此品“醇甘味温、消食积、补脾”，现代研究证明：光叶山楂中主要含有熊果酸、黄酮、有机酸等多种化合物，这些化合物具有多方面的作用，特别是熊果酸具有抗肿瘤、抗肝炎、降血脂、抗动脉粥样硬化、抗糖尿病、抗HIV、抗寄生虫等作用。

2. 果实可食用，面、甜、有香味，但食用量大时易引起腹胀。

3. 作为栽培山楂嫁接的砧木。

刺玫蔷薇

拉丁学名：*Rose davurica* Pall.

俗名：野玫瑰、野蔷薇、刺玫果、山刺玫、野生玫瑰果。

形态特征：

为蔷薇科蔷薇属多年生落叶灌木。羽状复叶，有托叶；花托平滑或者有针刺，瘦果着生在花托壁部和底部；托叶大部分贴生于叶柄，宿存；花柱不伸出花托口外部，形成一个头状；花组成伞房状花序，如单生则有苞片；托叶下面无皮刺，小枝无毛，小叶上面无皱褶，下面有白色短柔毛。

识别要点：

花柱不伸出花托口外部，形成一个头状。

花有苞片。

成熟果红色，球形、卵形或长卵形。

生境与分布：

生于山坡灌木丛间、杂木林中或河流两岸的沼泽地边缘及漫滩的土堆、沙岗、堤坝和通风向阳处。

生境1：生于林缘杂木林中。

生境2：生于河流两岸的沼泽地边缘。

生境3：生于灌木丛中。

果实：

据检测：刺玫果总糖8.21%，总酸1.08%，蛋白质0.59%，果胶1.43%，单宁2.63%，维生素C 1 857~2 027 mg/100 g，维生素PP 0.54 mg/100 g。含有17种氨基酸,包括7种人体必需氨基酸，游离氨基酸总量为273.4 mg/100 g，水解氨基酸总量为3 686 mg/100 g，其中精氨酸含量最高。含有28种微量元素。

用途：

1. 药用价值：据《中国中药大辞典》记载，花可止血、理气、解郁、调经；果可用于消化不良、食欲不振、胃腹胀痛、小儿食积及维生素C缺乏症；根可用于慢性气管炎、肠炎、细菌性痢疾、胃功能失调、膀胱炎等；刺玫根含齐墩果酸，对肾炎有显著疗效。

2. 果树萌叶能力强，小枝多而茂密，是较好的观赏花木。

3. 花可提炼玫瑰油和香料，主要用于调合高级香精，花可以酿酒，花酿成的酒，香气持久而浓郁。花用来熏菜，做糕点、糖果等，别有风味。

4. 根、树皮、叶可提取鞣料、染料。

5. 根系发达，且成丛状分布，有较强的固土保水能力，是当前水土保持、生态环境建设值得推广的一种优良树种。

6. 刺玫蔷薇有艳丽的花朵，诱人的果实，因而是非常优良的蜜源植物。

密刺蔷薇

拉丁学名: *Rose spinosissima* L.

俗名： 刺玫果、山刺玫、野生玫瑰果。

形态特征：

为蔷薇科蔷薇属多年生落叶灌木。羽状复叶，有托叶；花托平滑或者有针刺，瘦果着生在花托壁部和底部；托叶大部分贴生于叶柄，宿存；花柱不伸出花托口外部，形成一个头状；花单生，无苞片；着生花的枝具皮刺与针刺，花粉红色；小叶7~9个，长圆状卵形或近圆形，上部单锯齿或重锯齿，下面无毛。

生境与分布：

生于林缘、林间和高山坡上。

用途：

同刺玫蔷薇。

腺叶蔷薇

拉丁学名: *Rose kokanica* Regel.

俗名： 刺玫果、山刺玫、野生玫瑰果。

形态特征：

为蔷薇科蔷薇属多年生落叶灌木。羽状复叶，有托叶；花托平滑或者有针刺，瘦果着生在花托壁部和底部；托叶大部分贴生于叶柄，宿存；花柱不伸出花托口外部，形成一个头状；花单生，无苞片；着生花的枝具皮刺与针刺，花粉红色，小叶5~7个，上部重锯齿，果长圆形或椭圆形。

用途：

同刺玫蔷薇。

识别要点：

果长圆形或椭圆形。

花单生，无苞片。

生境与分布：

生于林缘、林间和高山坡上。

城口蔷薇

拉丁学名: *Rose chengkouensis* Yü et Ku

俗名：野玫瑰、野蔷薇、刺玫果、山刺玫、野生玫瑰果。

形态特征：

为蔷薇科蔷薇属多年生落叶灌木。羽状复叶，有托叶；花托平滑或者有针刺，瘦果着生在花托壁部和底部；托叶大部分贴生于叶柄，宿存；花柱不伸出花托口外部，形成一个头状；花单生有苞片，花粉红色；花托、托叶下面有皮刺，皮刺直立；小叶3~5个，顶端急尖，下面有白色短柔毛。

识别要点：

花蕾。

花托及叶柄。

生境与分布：

生于山坡灌木丛间、杂木林中或在河流两岸的沼泽地边缘及漫滩的土堆、沙岗、堤坝和通风向阳处。

用途：

同刺玫蔷薇。

多腺悬钩子

拉丁学名：*Rubus phoenicolasius* Maxim.

俗名：托盘、鸡眼。

形态特征：

为蔷薇科悬钩子属多年生灌木。茎初直立后蔓生，上部散生皮刺；茎、叶柄、花梗生刚毛状腺毛；三出复叶，小叶卵形或阔卵形，边缘有缺刻状重牙齿，下面密生腺毛；总状花序顶生或腋生，花粉红色；聚合果近球形，亮红色。

识别要点：

茎初直立后蔓生。

蔓生茎较长，蔓生茎上散生皮刺

聚合果近球形，亮红色。

三出复叶。

茎、叶柄上面密生腺毛。

生境与分布：生于林缘山坡。

生于林缘山坡草地。

用途：

1. 果可食，根叶药用，有补肾、解毒等功效。
2. 花期6月份，为重要蜜源植物。

库叶悬钩子

拉丁学名：*Rubus sachalinensis* Leveille

俗名： 托盘、野生树莓。

形态特征：

蔷薇科悬钩属多年生落叶灌木，直立，高 90~120 cm，丛生。枝土褐色，具黄灰色或红色的密刺毛和直刺，当年枝紫红色；三出复叶，小叶卵形或长圆状卵形，先端锐尖，边缘有锯齿，稍被短柔毛，下面密被白色毡毛；花序顶生或腋生，花瓣白色；聚合果红色。

识别要点：

三出复叶，边缘有锯齿。

花蕾上密布刚毛和皮刺。

花序顶生或腋生，花瓣白色。

聚合果红色。

生境与分布：

喜光树种，耐干旱瘠薄，常生于林缘、公路铁路两侧、石砾山坡或灌丛中。

生境1：生于林缘。

生境2：生于山坡灌丛中。

生境与分布:

生境3：生于兴安落叶松林缘砂石地。

用途:

1. 果实可鲜食，甜酸适口，且具芳香，还可加工果制品，酿酒。

2. 以干燥茎枝入蒙药，蒙药名为“波日勒吉根”或“杆达嘎日”。具有止咳、发汗、解除表证和调理元气等功效，临床上常用于治疗感冒、气喘、肺热咳嗽、瘟疫、未成熟热、瘙热症和赫依之热症等。

石生悬钩子

拉丁学名：*Rubus saxatilis* L.

俗名：托盘、马林果、地豆子等。

形态特征：

为蔷薇科悬钩子属多年生草本，根状茎常平卧，高20~40 cm，基部有短柔毛和刺刚毛，有时混生腺毛。三出复叶，花白色，聚合果由较大的彼此稍联合的核果组成，果实球形，红色，风味较好。

识别要点：

花冠白色。

三出复叶。

叶柄、茎上有刚毛。

聚合果亮红色。

生境与分布：

属耐寒中生植物，耐干旱瘠薄，喜湿润。多生于林缘、林下或较干的石质山坡。

生境1：生于林下。

生境2：生于林缘草地。

用途：

1. 可作为抗性及矮化育种材料，亦可家养栽培。

2. 茎皮含鞣质，可以利用其生产烤胶。

3. 聚合果熟时可食，味酸甜，为新兴的第三代水果。可以加工饮料、果酱，酿酒，熬糖，制醋、果汁等。

北悬钩子

拉丁学名：*Rubus arcticus* L.

俗名：小托盘、高丽果。

形态特征：

蔷薇科悬钩子属草本，高10~20 cm。根状茎匍匐，茎单一，无刺；三出复叶，顶小叶卵状菱形，先端稍锐尖，基部宽楔形，有短柄，侧小叶卵形，基部偏斜，近无柄，边缘有不整齐齿牙，上面绿色，无毛或微有毛，叶脉下陷，下面色淡，有疏伏毛；花单一，生于茎的顶端，雌蕊约20枚，花梗纤细，长约2 cm，密生短柔毛及腺毛，萼片6~7枚，披针形，背面密生短柔毛及腺毛，花瓣6~7枚，倒卵形，有时先端凹陷，粉红色，雄蕊多数，着生于花盘周缘，花丝膨大，花柱短小；聚合果有小核果20余枚，小核果圆球形，平滑透明，深紫红色。

识别要点：

花瓣粉红色，雌蕊约20枚，花丝膨大，花柱短小。

三出复叶，侧小叶卵形，基部偏斜。

聚合果有小核果20余枚，小核果圆球形。

生境与分布：

生于山坡、路旁干燥处，苔藓沼泽地或塔头甸中。

生于路旁干燥处。

用途：

1. 果酸甜，具草莓芳香，可食。

2. 可作为观赏绿化树种。

3. 中医，茎叶：止血，解毒，消炎，祛风湿；根：止血止带；果实：益肾固精。

东方草莓

拉丁学名：*Fragaria orientalis* Losinsk.

俗名： 高粱果、高丽果、野草莓。

形态特征：

为蔷薇科草莓属多年生草本植物，株高10~20 cm。叶绿色，三小叶近无柄或仅中心小叶具极短的柄，中心小叶卵圆形，前端较宽，尖锯齿，叶正面茸毛多而直立，背面脉上和脉间茸毛均紧贴，叶背面常紫红色或绿色，叶柄上茸毛多且直立；匍匐茎红色或绿色,其上茸毛直立，偶数节位着生幼苗，奇数节常抽生二次枝；多歧聚伞花序，花序高于叶面，花序梗较粗，其上茸毛向下斜生或直立，花瓣白色，5枚；萼片三角形或宽披针形，长，前端急尖，副萼片披针形，全缘；聚合果短圆锥形、卵球形或椭圆形，红色，果肉白色，有香味；雄雌异株。

识别要点：

聚合果1：短圆锥形。

聚合果2：椭圆形。

花白色，花瓣5枚。

生境与分布：

生于干燥裸露岩石山坡、草地、林缘路旁、针阔混交林内、山坡灌丛间。

生境1：生于裸露岩石山坡。

生境2：生于草地。

生境3：生于山坡灌丛间。

生境4：生于针阔混交林内。

用途：

1. 以全草入藏药，藏名孜孜萨增，具有散瘀、排脓功效。

2. 果实营养丰富，可以鲜食，也是加工果酒、果酱、饮料的原料。

3. 是培育草莓栽培品种的种质资源。

稠李

拉丁学名：*Prunus padus* L.

俗称： 臭李子。

形态特征：

蔷薇科李属落叶乔木，树高2~5 m。树皮灰褐色或黑褐色，浅纵裂；小枝紫褐色，色深，有光泽，小枝多生皮孔，较短，叶痕较窄，叶迹3个，几乎排在一条直线上；单叶互生，叶脉深而明显，叶缘有锯齿，叶质地较薄，叶椭圆形、倒卵形或长圆状倒卵形，先端渐尖，基部宽楔形或圆形，叶背灰绿色，背面脉腋有簇毛，后消失，叶表绿色，秋叶叶色变黄红色，变色期短；总状花序，花白色，花序下垂，总花梗有叶1~4枚，小叶较枝叶小，花瓣较小，倒卵形；核果近球形，青果绿色，涩，成熟时黑色，味较甜；植株有特殊香味。

识别要点：

花芽萌发较早：5月初。

总状花序，花白色。

花序下垂。

叶脉明显。

青果绿色。

近成熟果紫红色。

成熟果黑色。

生境与分布：

喜光，幼树耐阴，抗寒力较强，怕积水涝洼，不耐干旱瘠薄，在湿润肥沃的中性沙壤土上生长，主要生长在沟塘、河流两岸、林边、路旁或灌木丛中。

生境1：生于林边柴桦丛中。

生境2：生于针阔混交林内。

生境3：生于河边灌丛中。

生境4：生于针叶林林缘。

用途：

1. 稠李花序长而下垂，花白如雪，极为美丽壮观，入秋叶色黄带微红，衬以紫黑果穗，十分美丽，是良好的观花、观叶、观果树种，可孤植、丛植、群植又可片植，或植成绿篱，还可作为行道树以及小区绿化的风景树使用。

2. 果实营养丰富，可以鲜食，也可做果酒、果酱、饮料。

3. 花、果、树皮和叶均可入药，叶可镇咳，果可治腹泻。

4. 其木料细软，颜色微红，可制作各种精细家具，具有美观大方、经久耐用等特点。

5. 花期早，芳香，是重要蜜源树种。

6. 稠李果实中的色素为花色素苷类物质，是一种纯天然色素，可作为食用色素应用。

7. 它的根系发达，适宜在沙质土壤上生长，是改良土壤、调节水分、保护农田、防风固沙、保持水土的良好树种。

8. 果实严霜后仍很少落果，是飞禽越冬的好饲料。

9. 稠李也可以作为核果类嫁接用砧木的优良树种。

西伯利亚杏

拉丁学名：*Prunus sibirica*(L.) L.

俗名： 山杏。

形态特征：

为蔷薇科李属多年生落叶小乔木，高1~2 m。小枝灰褐色或淡红褐色；叶较小，阔卵形，先端长渐尖，叶缘单细锯齿；花单生，花瓣白色或粉红色；核果近球形，两侧稍扁，皮黄色或带红晕，被短柔毛，肉薄，成熟时常开裂，核面光滑，核背基部突出。

识别要点：

花蕾粉红色。

花单生，花瓣白色或粉红色。

核果近球形，两侧稍扁。

生境与分布：

喜光、抗旱、抗低温、耐瘠薄，在岩石裸露的阳坡、半阳坡、干旱瘠薄的沙土、砾质土以及高山40°～60° 的陡坡地带均能生长并可形成群落。

生于干旱瘠薄的沙土、砾质土山坡。

用途：

1. 西伯利亚杏是我国北方山区特有的生态经济型树种。

2. 西伯利亚杏以种子入药，材名为苦杏仁，性温味苦，可止咳去痰，理气平喘，润肠通便，所含苦杏仁苷有防癌抗癌作用。

3. 西伯利亚杏果肉可食用。

4. 核壳产量是苦杏仁产量的2倍，其用途是加工活性炭。

5. 西伯利亚杏强大的根系对保护坡面水土具有很大的作用。

山荆子

拉丁学名：*Malus baccata* (L.) Borkh.

俗名： 山丁子、山定子、林荆子等。

形态特征：

蔷薇科苹果属落叶乔木，株高3~6 m。小枝无毛，暗褐色，枝上多生针刺；叶片卵圆形或椭圆形不分裂，叶背及叶柄均无毛，叶基部楔形，顶端渐尖，齿锐，托叶披针形，叶缘有锯齿，中脉偏生；伞形花序4~6朵，花药发育正常，有花粉粒，自花不孕，花白色，花梗绿色，无毛；梨果近球形，红色。

识别要点：

花瓣5，白色，菱形。

伞形花序4~6朵。

花蕾浅红色。

萼筒外面无毛。

梨果近球形。

生境与分布:

生长于山谷灌丛、河边、路旁及山坡杂木林中。

生境1：生于山谷灌丛。

生境2：生于山坡林缘。

生境3：生于河边杂木林内。

山荆子的嫩叶可制“茶叶”。

用途：

1. 果实可食用、酿酒或入药。

2. 种子榨出的油可供制作肥皂或其他工业用。

3. 叶可作家畜饲料，用叶的10倍重的水浸液对防治小麦秆锈病有一定效果。内蒙古的蒙古族有把山荆子的幼叶当茶叶用的传统。

4. 树皮内侧的韧皮部可用来提取黄绿色染料。

5. 幼苗可用来嫁接苹果、花红及海棠等苹果属果树的优良砧木。

6. 植株适应性强，幼树树冠圆锥形，老时呈广圆形，早春白花绿叶、相互映衬，秋季结成小形红色或黄红色的果实，经久不凋，非常美丽，是优秀的庭园观花、赏果树种。也可栽培用作绿篱和行道树。

7. 木材纹理通直，结构细致，材质中硬，一般作为印版雕刻、细木工、装饰、器具、工具柄、家具及农具等用材，或作薪炭材用。

花楸

拉丁学名：*Sorbus pohuashanensis* (Hance) Hedl.

俗名：臭山槐、百花山花楸。

形态特征：

为蔷薇科花楸属落叶乔木，株高3~8 m。小枝粗壮灰褐色，幼时生茸毛；叶为奇数羽状复叶，小叶5~7对半，先端短渐尖，边缘有锯齿，叶脉清晰，椭圆状披针形，基部全缘；顶生复伞房花序，白色；梨果近球形，橘红色。

识别要点：

树干灰褐色，有明显皮孔。

叶为奇数羽状复叶，5~7对半。

梨果近球形，橘红色。

树叶霜后变红。

生境与分布：

喜微酸性土壤，耐瘠薄能力较强，从裸露的岩石到50 cm左右的土层厚度均能生长,大多生长在25 cm左右厚的土层上。多分布在海拔900~2 000 m山坡或山谷杂木林中。

生境1：生于海拔900 m的针阔混交林林内山坡。

生境2：多与偃松生长在一起。

生境3：生于海拔1 450 m的针阔混交林内山坡。

用途：

1. 花楸枝条伸展性好，树形优美，体态端直，苍翠欲滴，树叶、果实色彩随季节变化丰富，极富观赏价值，是优良的园林观赏树种，被列为东北四大观果植物之首。

2. 果实含多种维生素、糖和柠檬酸等，可以制果酱、果酒、果糕、果冻、果汁、蜜饯。

3. 果实止咳化痰，健脾利水，茎皮清肺止咳，解毒止痢。

4. 花楸的果实为许多鸟类的食物。

5. 该树种对多种有害气体有较强的抗性,还是重要的蜜源植物。

东北岩高兰

拉丁学名：*Empetrum nigrum* L.var *japonicum* K. Koch

俗名：肝复灵。

形态特征：

岩高兰科岩高兰属多年生常绿匍匐状小灌木，高20~50 cm。匍匐茎多分枝，枝为红褐色；叶细小，而且反卷，叶缘有毛状蜡被，叶表面有角质层，叶下表皮有头状腺毛，线性先端钝尖，背面有深沟；花细小，无花瓣，苞片3~4，呈鳞片状，萼片3，花瓣状，暗红色；浆果球形，初期红褐色，成熟后深蓝色；植株有很浓的特殊香味。

识别要点：

果实生于结果枝上部腹面，单生。

匍匐茎多分枝，红褐色。

生境与分布：

生于海拔1 000 m以上、土壤瘠薄、岩石裸露高山多石处（多生于偃松林下），苔藓丰富的石山坡针叶疏林下（少量分布）。在我国分布范围狭窄，主要分布于我国北部寒温带针叶林区的大兴安岭高山顶部，吉林省长白山海拔2 000 m处有极少的分布。

生境1下的植株

生境1：生于海拔1 000 m以上、土壤瘠薄、岩石裸露高山多石处。

生境与分布：

生境 2 下的植株

生境2：生于疏林下苔藓丰富的石山坡。

生境与分布：

生境3：生于偃松林下。

生境与分布：

常与东北岩高兰一起生长的植物有：细叶杜香、越橘、兴安落叶松、兴安桧、西伯利亚圆柏、高山石松、高山蛇床、高山蓼、苔藓等。在碎石块上还附生着黑石耳、石蕊、石花、雪茶等。

常与东北岩高兰一起生长的植物：细叶杜香、越橘、高山蓼、兴安落叶松。

常与东北岩高兰一起生长的植物：偃松、越橘、石蕊。

生境与分布：

常与东北岩高兰一起生长的植物：苔藓、越橘。

常与东北岩高兰一起生长的植物：高山桧、越橘。

用途：

1. 枝叶补脾和胃，助消化；治肚腹胀满，消化不良。

2. 果补阴，养肝，明目，成熟果实民间俗称黑果子、夜明豆。

3. 民间用植株煎水饮用，助消化，提精神。

4. 内蒙古敖鲁古雅鄂温克人（中国最后的狩猎部落，中国唯一驯养、使用驯鹿的民族）使用其全株治肝病，鄂温克名为“kakin boen”。

岩高兰科在我国仅有东北岩高兰一个变种，为珍稀植物，被列入国家二级保护植物。

乌苏里鼠李

拉丁学名：*Rhamnus ussuriensis* J. Vass.

成熟果实俗名： 老鸹眼、药鸡豆。

形态特征：

鼠李科鼠李属落叶大灌木，株高5~6 m。小枝对生，当年生树皮为绿色，翌年后变灰褐色，剥离，枝端有刺；叶狭椭圆形或狭长圆形，叶脉4~6对；聚伞花序腋生，花单性；核果球形，成熟后黑紫色；种子表面不光滑，种子为褐色；植株各部近无毛。

用途：

1. 可从根、树皮、叶和果实中提取单宁用于工业生产中。
2. 树皮和果实均可入药，主治支气管炎、咳嗽痰喘、水肿胀满等症。
3. 枝叶可做农药。

注意：据报道果实有小毒。

识别要点：

老枝树皮剥离。

成熟果实黑紫色。

生境与分布：

耐阴，生于针阔混交林林内、杂木林间及溪流两旁的灌木丛中。

生境1：生于针阔混交林内。

生境2：生于河岸边杂木林间。

红瑞山茱萸

拉丁学名：*Swida alba* L.

俗名：红瑞木、红梗木。

形态特征：

山茱萸科山茱萸属落叶灌木，株高 2~3 m。茎直立，树皮紫红色，枝条终年血红色，无毛；叶浓密，对生，卵形至椭圆形，叶全缘，绿色，散生伏毛，下面灰白色，被伏毛，叶脉明显4~5对，叶柄长，秋后经霜为血红色；顶生圆锥状聚伞花序，花轴与花梗有密毛，花萼筒卵状球形，花冠白色，花瓣4枚；核果长圆形，成熟时白色或稍带蓝紫色，两端尖。

识别要点：

花冠白色，花瓣4枚。

核果长圆形,成熟时白色或蓝紫色。

枝条血红色。

叶片秋后经霜为血红色。

生境与分布：

稍喜阴，常生于河流两岸、小溪旁针阔叶混交林、阔叶林下或林缘。

生境1：生于河边阔叶林下。

生境2：生于河边灌丛中。

用途：

1. 种子含油率30%,可榨油供工业用。

2. 植株有较强的适应性和抗寒、抗病虫害及抗污染能力，又是乡土灌木，在园林绿化上具有广泛用途，并具有较强的地方特色，是我国北方珍贵的秋景灌木，可作为行道绿化、四旁绿化及庭院观赏植物，还可作为绿地、岩石园及假山的点缀。

毛蒿豆

拉丁学名：*Oxycoccus microcarpus* Turcz. ex Rupr.

俗名： 小果红莓苔子。

形态特征：

杜鹃花科毛蒿豆属非常细弱匍匐常绿小半灌木。植株大部分埋在水湿苔藓中，仅上部露出，具地下匍匐茎，地上部分高5~10 cm，匍匐于鲜苔藓上；叶质稍厚，卵状椭圆形，中脉明显；花通常一朵单生于枝顶，淡红色；浆果小，球形，红色。

用途：

果微酸可食。

识别要点：

匍匐茎及根系。

生境与分布：

耐阴，喜湿，生长在沟塘或河边有苔藓类湿地的疏林内，多与细叶杜香、笃斯越橘等杜鹃花科植物生长在一起。

生境1：匍匐生长于苔藓上。

生境 2：多与细叶杜香、笃斯越橘等杜鹃花科植物生长在一起。

越橘

拉丁学名:*Vaccinium vitis-idaea* L.

俗名： 牙疙瘩、红豆、温普乌饭树、温普、熊果等。

形态特征：

杜鹃花科越橘属常绿矮生半灌木。地下茎长，一般长达几米，甚至几十米，匍匐，地上茎高一般7~15 cm，直立，有白微柔毛，地上部群体很密，植株每平方米200~800株；叶革质、椭圆形或倒卵形，顶端圆，常微缺；花2~8朵呈总状花序，小花钟状水红色；浆果球形，果熟时红色至紫红色。

识别要点：

常绿半灌木。

总状花序。

地上茎匍匐生长。

浆果球形。

生境与分布：

耐阴，生长在湿润地表有疏松的苔藓层半透光的林下或土壤瘠薄的岩石山坡，集中分布在800~1 000 m的坡地针阔混交林下，林中空地。

生境1：生长在土壤瘠薄的岩石山坡。

生境2：生于针阔混交林下，林中空地。

生境3：生于地表有疏松的苔藓层半透光的林下。

果实：

据检测：新鲜果实中含有糖约8.57%，游离酸2.2%，胡萝卜素0.05%，鞣酸0.224%，苯甲酸0.075%，成熟的果实内尚含有少量的类胡萝卜素、番茄红素和儿茶精等营养成分和多种矿质元素。新鲜果实出汁率可达80%以上。叶片内含多种营养和药用成分，其中熊果苷8%，甲基熊果苷3%，黄酮类化合物0.5%~0.6%，维生素C 277 mg/100 g等。

用途：

1. 果实味酸甜，可生食或制成果酱等食品，果实亦可酿酒。

2. 越橘叶具有抗菌作用，可用于淋病、肾炎、膀胱炎，还有抗衰老保健作用。

3. 种子含油达30%，可制干性油。

4. 叶含鞣质可提取单宁，可作烤胶原料。

笃斯越橘

拉丁学名：*Vaccinium uliginosum* L.

俗名: 笃斯、都柿。

形态特征:

杜鹃花科越橘属的一种多年生落叶小灌木，株高50~70 cm。小枝无毛或有短毛，多分枝；叶纸质倒卵形或长卵形，全缘，单叶互生；花1~3朵生于去年生枝条的顶部叶腋内，花下垂，坛状花，有2个小苞片，花冠白色或粉红色；浆果圆形或椭圆形，成熟后蓝紫色，皮薄，具有白霜。

识别要点：

坛状花。

浆果有白霜。

秋后落叶。

侧根不发达。

根部有共生菌。

生境与分布：

在大兴安岭地区，主要生长于满覆苔藓的沼泽地、低湿塔头草甸中、水边、林下及潮湿山坡。多与苔草、杜鹃、越橘、柴桦、杜香、金老梅、土庄绣线菊等植物混生，集中分布于海拔400~1 000 m的针叶、阔叶混交林和林间空地，群落性强。

生境1下的植株

生境1：生于针叶、阔叶混交林林内和林间空地，群落性强。

生境2：生长于满覆苔藓的沼泽地、低湿塔头草甸中和水边。

生境2下的植株

果实：

据检测，笃斯越橘阴干果实中含粗蛋白质6.69%，粗脂肪8.58%，粗纤维5.99%，灰分2.14%，碳水化合物26.33%；含维生素C 7.33 mg/100 g，维生素B_1 0.12 mg/100 g，维生素B_2 0.46 mg/100 g，维生素PP 3.04 mg/100 g，维生素A 0.52 mg/100 g，维生素E 4.64 mg/100 g，胡萝卜素0.33 mg/100 g；K 1 007.50 mg/100 g，Ca 503.80 mg/100 g，Mg 86.50 mg/100 g，P 402.00 mg/100 g，Fe 18.01 mg/100 g，Zn 7.12 mg/100 g，Se 4.45×10^{-3} mg/100 g；笃斯越橘阴干果实中含有17种氨基酸，其中必需氨基酸含量占氨基酸总量的42.16%。

用途：

1. 笃斯越橘果实含有丰富的营养成分，酸甜可口，可以鲜食，也可以做成果酱、果汁、糖果、果酒和果脯。

2. 叶和果均含有花青素、黄酮类化合物、花色素类物质和槲皮素等，它们有很强的抗氧化活性，且对视网膜有特异性功效。

3. 植株可做烤胶原料和蜜源植物。

黄花忍冬

拉丁学名：*Lonicera chrysantha* Turcz.

形态特征：

忍冬科忍冬属植物，落叶灌木，高2~4 m。叶菱状卵形至菱状披针形，全缘，两面脉上被毛，中脉毛较密；花梗较叶柄长2倍，花黄色；浆果红色，球形。

识别要点：

花梗较叶柄长2倍，花黄色。

生境与分布：

耐阴，喜欢潮湿环境，多生于溪流两岸及山地杂木林中。

用途：

1. 花蕾具有清热解毒、散痈消肿的功效。

2. 茎和叶中含有绿原酸，对大肠杆菌、金黄色葡萄球菌、枯草芽孢杆菌均有一定的抑制作用。

3. 为园林美化观赏树种。

蓝靛果忍冬

拉丁学名:*Lonicera caerulea* L.var *edulis* Turcz. ex Hend.

果实俗名：羊奶子、牛奶子、山茄子、蓝靛果等。

形态特征：

忍冬科忍冬属落叶小灌木，植株高1.3~1.5 m。多分枝，老枝红棕色，后期皮呈片状剥落，幼枝红褐色，被柔毛；叶为单叶对生于萌发壮枝的节处，叶柄很短，有长毛，叶为卵圆形、长卵圆形及披针形, 全缘，边缘有毛，表面疏生短柔毛，背面淡绿色，多毛；花为黄白色，筒状漏斗形，通常外面有短柔毛，花筒基部浅囊状，苞片条形；浆果蓝黑色，椭圆形，外皮附白色粉状物。

识别要点：

老枝皮呈片状剥落。

幼枝红褐色,被柔毛。

花为黄白色,
筒状漏斗形。

浆果蓝黑色，被白粉。

生境与分布：

多生长在混交林内、林缘及沼泽草甸等地。

生境1：生于林内。

生境2：生于林缘。

果实：

据检测：蓝靛鲜果含有蛋白质309 mg/100 g、维生素B_1 0.26 mg/100 g、维生素B_2 0.72 mg/100 g、维生素B_6 1.91 mg/100 g、维生素PP130 mg/100 g、维生素C 67.62 mg/100 g，微量元素Zn 1.85 mg/100 g、P 38.62 mg/100 g，含17种氨基酸，总氨基酸含量1 007 mg/100 g。

用途：

1. 蓝靛果是大兴安岭地区重要的野生浆果之一，其浆果果实营养丰富，果实可生食，也可加工果酱、果汁、果酒、蜜饯等。

2. 蓝靛果的果汁深红色，除配制饮料和酿酒外，还可提取天然红色素。

3. 果实含有丰富的黄酮类生理活性物质，可促进血液循环、防治心血管病、降血压等，具有清热解毒、抗疲劳、抗氧化甚至具有抗肿瘤的功效，因此，在医学上也具有一定价值。

4. 生长季节植株的叶片深绿、浓密，秋季变成亮黄色，花序轴大，绽放出黄色的花朵，果实成熟时颜色呈浅蓝色至深蓝色，形态各异，且能在植株上保持较长的时间，适宜园林美化。

内蒙古根河市1987年开始进行蓝靛果忍冬的驯化栽培，目前已经建成200余亩的栽培基地。

根河市蓝靛果忍冬驯化栽培基地。

作者（中）在基地观察结果情况。

鸡树条荚蒾

拉丁学名：*Viburnum sargentii* Koehne

俗名： 天目琼花、佛头花。

形态特征：

忍冬科荚蒾属落叶灌木，高2~3 m。树皮灰褐色，纵条状开裂，小枝黄褐色；单叶，对生，叶质厚，叶浓绿色，通常3裂并具掌状3出脉，裂片边缘有不规则锯齿，叶柄基部有两托叶；聚伞花序顶生，白色，有大型不孕边花，能孕花在中央，花冠乳白色，呈辐射状5裂；浆果状核果近球形，鲜红光亮，不易落；种子扁圆形。

识别要点：

聚伞花序顶生，花白色。

芽苞。

核果红色。

生境与分布：

生于河流沿岸护河林中或山地林缘。

生于林缘灌木丛。

用途：

1. 食用：果实可食，果实中含有丰富的糖、维生素C、维生素B，以及16种氨基酸和大量的K、Mg、P、Fe等微量元素。

2. 药用：鸡树条荚蒾叶、嫩枝均可入药，叶主治疮疥、皮肤瘙痒等症；嫩枝主治风湿性关节炎、腰酸腿疼、跌打损伤等症；枝叶具有收缩子宫，增强子宫的紧张度，治疗子宫出血的作用；果实有止咳的功效，治疗慢性支气管炎、咳嗽痰喘。

3. 园林绿化：鸡树条荚蒾适宜于整个东北地区，是高寒地区园林绿化中优良的赏花、观果、看叶植物。

4. 鸡树条种子油供制肥皂和润滑油。

5. 茎皮含纤维，可制绳。

毛接骨木

拉丁学名：*Sambucus sieboldiana* var *miquelii*(Nakai) Hara

俗名： 马尿骚、续骨木、药鸡豆、公道老等。

形态特征：

忍冬科接骨木属多年生落叶灌木,高1~2.5 m。树皮灰褐色，茎有纵条棱；叶为奇数羽状复叶，小叶5~7片，长圆形或椭圆形，稍近倒卵形或卵形，叶缘有锯齿，锯齿先端尖；幼枝、花轴、花梗、叶柄、叶均被长柔毛；圆锥花序顶生，花小，白色或淡黄色，花序分枝较细，最下的1对分枝常下弯，第2对分枝与第1对分枝近等长；核果球形，成熟时红色，逐渐变为暗红色。

识别要点：

叶、叶柄、苞片均被长柔毛。

花轴、花梗被长柔毛。

圆锥花序顶生，花小，白色或淡黄色。

青果。

成熟果红色。

生境与分布：

适应性较强，对土壤要求不严,甚至可以生长在岩石缝中。主要生于林缘、路旁、疏林地、沙地灌丛等。

生境1：生于林缘。

生境2：生于路边沙石地。

生境3：生于河边灌丛。

用途：

1. 毛接骨木树种抗低温，适应性强，是庭院绿化，美化环境的理想树种。

2. 毛接骨木的根具有镇痛和抗炎活性，果实具有抗病毒、抗菌活性、抗氧化作用。茎叶具有接骨续筋、活血止痛、祛风利湿之功效。主要用于治疗跌打肿痛、骨折及创伤出血。

3. 果实可加工成果酱、果冻、木斯(甜食)、果子羹、带果肉的果冻。在一些地区,接骨木果实作大馅饼和汤菜调味品,还是红色食品天然着色剂。需要注意的是，未成熟的果实禁食,因为其含桑巴霉素,此物质水解时可产生有毒的氢氰酸和毒芹碱。而成熟的果实则因桑巴霉素分解消失而无毒。芳香的花朵添加于葡萄发酵液中,酿出的酒具有玫瑰香气与风味,花添加于果酱中具有扁桃香味。

4. 果皮中含有花色苷类物质,可作天然食用色素。

宽叶接骨木

拉丁学名：*Sambucus latipinna* Nakai

俗名： 马尿骚、续骨木、药鸡豆、公道老等。

形态特征：

忍冬科接骨木属多年生落叶灌木，高2~3.5 m。幼枝、花轴、花梗、叶柄、叶均无毛；小叶3~5片，长圆形或椭圆形，边缘细锯齿；果实球形，橙红色。

用途：

同毛接骨木。

识别要点：

小叶3~5片，边缘细锯齿。

果实球形，橙红色。

生境与分布：

生于林缘、河岸、草甸及杂木林中。

生境1：生于林缘灌丛。

生境2：生于林缘草地。

中文名索引

三画

四画

五画

六画

七画

八画

九画

十画

十一画

十二画

十三画

拉丁学名索引

R

S

V

大兴安岭高寒地区主要常见野生果树物候期

大兴安岭高寒地区属寒温带湿润型森林气候，并具有大陆性季风气候的某些特征。特点是寒冷湿润，长冬无夏，春秋相连。无霜期短平均70~90天，气温年日较差大，年较差47.4℃左右，日较差20℃左右，结冻期210天以上，境内遍布永冻层，在这种环境下生长的野生果树具有生长缓慢，生育期短，休眠时间长的特点。大兴安岭高寒地区常见野生果树共有9科18属35种，现将其中主要25种野生果树物候期进行总结，供参考。

大兴安岭高寒地区主要常见野生果树物候期

	新叶萌发期	现蕾开花期	果实生长成熟期	果实采收期	休眠期
偃松	5月上旬	5月中旬至6月上旬	6月上旬至8月上旬	8月上旬至10月上旬	10月上旬至翌年4月下旬
刺叶小檗	5月中旬	5月下旬至6月中旬	6月上旬至8月上旬	8月上旬至9月中旬	10月上旬至翌年5月上旬
楔叶茶藨	5月中旬	5月下旬至6月上旬	6月中旬至7月下旬	8月上旬至9月上旬	9月下旬至翌年4月下旬
兴安茶藨	5月上旬	5月上旬至6月上旬	6月上旬至7月下旬	8月上旬至9月上旬	9月下旬至翌年4月下旬
英吉利茶藨	5月上旬	5月上旬至6月上旬	6月上旬至7月下旬	8月上旬至9月上旬	9月下旬至翌年4月下旬
水葡萄茶藨	5月上旬	5月上旬至6月上旬	6月上旬至7月下旬	8月上旬至9月中旬	9月下旬至翌年4月下旬
全缘栒子	5月中旬	5月下旬至6月下旬	6月中旬至7月下旬	7月下旬至8月下旬	9月下旬至翌年5月上旬
光叶山楂	5月下旬	6月上旬至6月中旬	6月下旬至8月中旬	8月中旬至10月上旬	9月下旬至翌年5月上旬
山荆子	5月下旬至6月中旬	5月下旬至6月下旬	6下旬至8月下旬	8月下旬至9月下旬	9月中旬至翌年5月中旬
花楸	5月上旬	5月中旬至6月中旬	6月中旬至8月中旬	8月下旬至9月下旬	10月上旬至翌年4月下旬

稠李	4月下旬至5月上旬	5月上旬至6月上旬	6月中旬至8月下旬	8月下旬至9月下旬	9月中旬至翌年4月中旬
西伯利亚杏	5月下旬至6月上旬	4月上旬至5月上旬	5月上旬至6月下旬	6月上旬至8月中旬	9月中旬至翌年4月上旬
东方草莓	5月中旬	6月上旬至7月上旬	7月上旬至7月下旬	7月中旬至7月下旬	10月上旬至翌年5月上旬
刺玫蔷薇	5月下旬至6月上旬	6月中旬至7月上旬	7月上旬至9月上旬	9月上旬至翌年5月上旬	9月中旬至翌年5月上旬
石生悬钩子	5月下旬	6月中旬至7月上旬	7月中旬至8月中旬	8月中旬至9月上旬	10月上旬至翌年5月上旬
库叶悬钩子	5月上旬	6月上旬至7月中旬	7月上旬至8月上旬	8月上旬至8月下旬	9月下旬至翌年4月下旬
东北岩高兰	5月中旬	5月下旬至6月中旬	6月下旬至8月下旬	8月下旬至9月上旬	9月中旬至翌年5月上旬
乌苏里鼠李	5月下旬	6月中旬至	6月中旬至8月中旬	8月中旬至9月上旬	10月上旬至翌年5月上旬
红瑞山茱萸	6月上旬	6月上旬至7月上旬	7月上旬至8月中旬	8月中旬至9月上旬	10月上旬至翌年5月下旬
毛蒿豆	5月下旬	5月下旬至6月下旬	7月上旬至8月中旬	8月下旬至9月中旬	10月上旬至翌年5月上旬
越橘	5月中旬	5月下旬至7月上旬	7月上旬至8月上旬	8月上旬至9月中旬	9月下旬至翌年4月下旬
笃斯越橘	5月下旬	5月下旬至6月中旬	6月中旬至8月上旬	8月上旬至8月下旬	9月下旬至翌年5月上旬
蓝靛果忍冬	4月下旬	4月下旬至6月上旬	6月上旬至7月上旬	7月上旬至7月下旬	9月下旬至翌年4月上旬
鸡树条荚蒾	5月中旬	5月上旬至7月下旬	7月上旬至8月下旬	8月下旬至翌年3月下旬	10月上旬至翌年3月下旬
宽叶接骨木	4月下旬	4月下旬至6月上旬	6月上旬至7月下旬	7月下旬至翌年3月下旬	10月上旬至翌年3月下旬

参考文献

[1] 中国科学院植物研究所.中国高等植物图鉴.北京：科学出版社,1980.

[2] 内蒙古植物编辑委员会,内蒙古植物志. 呼和浩特：内蒙古人民出版社,1982.

[3] 内蒙古植物志编辑委员会.内蒙古植物检索表.1993.

[4] 周以良,等.中国大兴安岭植被. 北京：科学出版社,1991.

[5] 中国大兴安岭蒙中药植物资源志编撰委员会.中国大兴安岭蒙中药植物资源志.呼和浩特：内蒙古科学技术出版社,2011.

[6] 袁凤莲.茶藨子茶的药理作用及加工. 新疆林业,2011(2)：42.

[7] 耿星河,等.笃斯越橘阴干果实的营养成分及其食用价值分析. 内蒙古师范大学学报,2006，35(2)：223–225.

[8] 李咏梅. 越橘的开发利用价值. 特种经济动植物,2002(6)：23.